"十四五"国家重点出版物专项规划

青少年人工智能科普丛书 | 总主编 邱玉辉

人工智能导引

邱玉辉 / 编著

西南大学出版社

国家一级出版社 全国百佳图书出版单位

图书在版编目(CIP)数据

人工智能导引 / 邱玉辉编著. -- 重庆 : 西南大学
出版社, 2023.7
ISBN 978-7-5697-1877-5

Ⅰ.①人… Ⅱ.①邱… Ⅲ.①人工智能 Ⅳ.
①TP18

中国国家版本馆CIP数据核字(2023)第112299号

人工智能导引
RENGONG ZHINENG DAOYIN

邱玉辉◎编著

责任编辑:张浩宇
责任校对:杨光明
装帧设计:闰江文化
排　　版:吴秀琴
出版发行:西南大学出版社
网　　址:www.xdcbs.com
地　　址:重庆市北碚区天生路2号
邮　　编:400715
经　　销:全国新华书店
印　　刷:重庆市涪陵区夏氏印务有限公司
幅面尺寸:140mm×203mm
印　　张:3.5
字　　数:110千
版　　次:2023年7月 第1版
印　　次:2023年7月 第1次印刷
书　　号:ISBN 978-7-5697-1877-5
定　　价:28.00元

总主编简介

邱玉辉，教授(二级)，西南大学博士生导师，中国人工智能学会首批会士，重庆市计算机科学与技术首批学术带头人，第四届教育部科学技术委员会信息学部委员，中共党员。1992年起享受政府特殊津贴。

曾担任中国人工智能学会副理事长、中国数理逻辑学会副理事长、中国计算机学会理事、重庆计算机学会理事长、重庆人工智能学会理事长、重庆计算机安全学会理事长、重庆软件行业协会理事长、《计算机研究与发展》编委、《计算机科学》编委、《计算机应用》编委、《智能系统学报》编委、科学出版社《科学技术著作丛书·智能》编委、《电脑报》总编、美国IEEE高级会员、美国ACM会员、中国计算机学会高级会员。长期从事非单调推理、近似推理、神经网络、机器学习和分布式人工智能、物联网、云计算、大数据的教学和研究工作。已指导毕业博士后2人、博士生33人、硕士生25人。发表论文420余篇(在国际学术会议和杂志发表人工智能方面的学术论文300余篇，全国性的学术会议和重要核心刊物发表人工智能方面的学术论文100余篇)。出版学术著作《自动推理导论》(电子科技大学出版社，1992年)、《专家系统中的不确定推理——模型、方法和理论》(科学技术文献出版社，1995年)、《人工智能探索》(西南师范大学出版社，1999年)和主编《数据科学与人工智能研究》(西南师范大学出版社，2018年)、《量子人工智能》(西南师范大学出版社，2021年)，主编《计算机基础教程》(西南师范大学出版社，1999年)等20余种。主持、主研完成国家"973"项目、"863"项目、自然科学基金、省(市)基金和攻关项目16项。获省(部)级自然科学奖、科技进步奖四项，获省(部)级优秀教学成果奖四项。

《青少年人工智能科普丛书》编委会

人工智能(Artificial Intelligence，缩写为 AI)是计算机科学的一个分支，是建立智能机，特别是智能计算机程序的科学与工程，它与用计算机理解人类智能的任务相关联。AI 已成为产业的基本组成部分，并已成为人类经济增长、社会进步的新的技术引擎。人工智能是一种新的具有深远影响的数字尖端科学，人工智能的快速发展，将深刻改变人类的生活与工作方式。世界各国都意识到，人工智能是开启未来智能世界的钥匙，是未来科技发展的战略制高点。

    今天，人工智能被广泛认为是计算机化系统，它以通常认为需要智能的方式工作和反应，比如学习、在不确定和不同条件下解决问题和完成任务。人工智能有一系列的方法和技术，包括机器学习、自然语言处理和机器人技术等。

    2016 年以来，各国纷纷制订发展计划，投入重金抢占新一轮科技变革的制高点。美国、中国、俄罗斯、英国、日本、德国、韩国等国家近几年纷纷出台多项战略计划，积极推动人工智能发展。企业将人工智能作为未来的发展方向积极布局,围绕人工智能的创新创业也在不断涌现。

牛津大学的未来人类研究所曾发表一项人工智能调查报告——《人工智能什么时候会超过人类的表现》,该调查报告包含了352名机器学习研究人员对人工智能未来若干年演化的估计。该调查报告的受访者表示,到2026年,机器将能够写学术论文;到2027年,自动驾驶卡车将无需驾驶员;到2031年,人工智能在零售领域的表现将超过人类;到2049年,人工智能可能造就下一个斯蒂芬·金;到2053年,将造就下一个查理·托;到2137年,所有人类的工作都将实现自动化。

今天,智能的概念和智能产品已随处可见,人工智能的相关知识已成为人们必备的知识。为了普及和推广人工智能,西南大学出版社组织该领域的专家编写了《青少年人工智能科普丛书》。该套丛书的各个分册力求内容科学,深入浅出,通俗易懂,图文并茂。

人工智能正处于快速发展中,相关的新理论、新技术、新方法、新平台、新应用不断涌现,本丛书不可能都关注到,不妥之处在所难免,敬请读者批评和指正。

邱玉辉

前言

　　人工智能是研究模拟及扩展人的智能的理论、技术、方法及应用系统的科学，是对人的意识和思维过程进行模拟的一门新的学科。它也是一门新兴的边缘学科，是自然科学和社会科学的交叉学科，它吸收了自然科学和社会科学的最新成就，以智能为核心，形成了具有自身研究特点的新的体系。它也是一门综合性的学科，它是在控制论、信息论和系统论的基础上诞生的，它涉及哲学、心理学、认知科学、计算机科学、数学以及各种工程学方法。经过60多年的演进，人工智能已经形成一个比较完整的知识体系，并已成为经济增长、社会进步的新的技术引擎。人工智能的快速发展必将深刻改变社会、改变世界。

　　《人工智能导引》是人工智能学科的简介，也是本丛书的入门向导。　全书共8章，第一章介绍了什么是智能和什么是人工智能；第二章谈了人工智能的分类，包括弱人工智能、强人工智能和超人工智能；第三章概述了人工智能的主要研究领域；第四章回顾了人工智能发展历史上的一些重大突破；第五章讲述了人工智能发展的简明历史；第六章列举了人工智能的主要应用领域；第七章介绍了人工智能和其他学科的交叉与整合；第八章展望了新一代人工智能的突破和人工智能更聪明的未来。

　　本书是青少年科普丛书，力求内容新颖有趣，表达通俗易懂，知识性、科学性和易读性的统一。本书的参考文献将收集在与该丛书配套的电子资源中，在此对被引用者表示衷心的感谢。

目录
CONTENTS

第一章 引 言

第二章 AI分类

第三章 主要研究领域

第四章 **AI重大突破**

第五章 **AI发展**

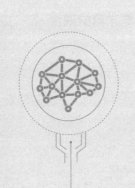

人工智能导引

第一章

引言

　　人工智能是研究用于模拟和扩展人的智能的理论、技术、方法及应用系统的科学,是对人的意识和思维过程进行模拟的一门新兴学科。经过近60年的演进,人工智能已经形成一个相对完整的知识体系,特别是在移动互联网、大数据、超级计算、传感网、脑科学等新理论、新技术以及社会经济强烈需求的共同驱动下,人工智能加速发展,并已成为人类经济增长、社会进步的新的技术引擎。人工智能将深刻改变人类的生活和工作方式。

　　1956年,美国的达特茅斯学院召开了两个月的学术研讨会,讨论建设真正智能机的可能性。参会的人员中,塞缪尔(Samuel)开发了一个玩跳棋的程序,麦卡锡(Mccarthy)致力于常识推理系统的建设,敏斯克(Minsky)正在研究一个平面几何的问题,他希望能让计算机使用类比推理分析雕像。除了这三个人,纽维尔(Newell),肖(Shaw)和西蒙(Simon)是人工智能(Artificial Intelligence,简称AI,本书中这几种称谓通用)的真正先驱。美国的计算机科学家和认知科学家John Mccarthy在会上提出"人工智能"这一术语,因此他也被称为"人工智能之父"。"人工智能"又称为"机器智能"(Machine Intelligence)。他认为机器可以模拟学习的每个方面或智能的任何其他特征。

约翰·麦卡锡
John McCarthy
达特茅斯学院

马文·明斯基
Marvin Minsky
哈佛大学

纳撒尼尔·罗彻斯特
Nathaniel Rochester
IBM公司

克劳德·香农
Claude Shannon
贝尔电话实验室

图1.1　参加学术研讨会的著名科学家

现在，人工智能产生了一个新的分支，即量子人工智能，因此，文献把通常的人工智能称为传统人工智能。本书只介绍传统人工智能。为了方便，本书将传统人工智能仍称为人工智能。

为了定义人工智能，我们首先应理解什么是智能。

1.1 什么是智能

一些人相信，智能可以被近似地描述，但还不能被完全定义。我们认为，这种说法过于悲观了。虽然没有单一的标准定义，但如果分析一下已经提出的许多定义，它们之间的强烈相似性很快就会变得显而易见。在许多情况下，不同的定义，不同的解释，实际上是说的相同的事情。这一结果使我们相信，对任意系统有一个单一的一般和包含的定义是可能的。

一个系统的能力包括：计算、推理、模拟、觉察关系、从经验学习、从存储器存储和检索信息、求解问题、理解复杂概念、流利地使用自然语言、分类、归纳和自适应新的情形等。

智能被定义为学习和执行适当的技术以求解问题并达到目标的能力。简单说来，智能就是获取和运用知识与技能的能力。

斯坦福大学的形式推理组提出一个功能性定义，该定义既涵盖人和动物，又包括智能的"人工"形式。该定义为："智能"是实现研究目标的计算能力。

智能有多种方式定义，包括逻辑、理解、自意识、学习、包含感情的知识、推理、规划、创造性和问题求解等能力。现在,全世界能查到的对智能的定义已有71种,其中,企业给定的有18种,心理学家给定的有35种,AI专家给定的有18种。

美国发展心理学家 Howard Gardnerbaba 就智能类型列举如下。

◆**语言智能**:包括说话、识别和使用音韵学(说话声音)机制、句子(文法)和语义(含义)的能力。

◆**声音智能**:包括建立联系、彼此通信、理解声音的意思和理解音高等。

◆**逻辑、数学智能**:使用和理解缺少行为和对象方面的关系,以及理解复杂和抽象概念的能力。

◆**空间智能**:能感知视觉的或空间的信息,改变并重新建立无参考的视觉图像、构造3D图像并移动和将其旋转。

◆**人体肌肉运动知觉智能**:使用全部或部分身体机能求解问题或制作产品。

◆**个人内部智能**:根据自己的感觉、意图和动机进行辨别的能力。1950年,艾伦·图灵在《思维》杂志上发表了其著名论文《计算机与智能》。

在此文中,他提出一个影响深远的问题:机器能思考吗? 一个系统是否有智能? 他在论文中给出的验证方法是:假设一个游戏中有三个角色,两

图1.2 艾伦·图灵

名是人,其余一名是计算机,由一个人担任评判员,分别向另外两位提出若干开放式的问题。如果根据回答评判员无法判断哪一个是真正的人,那么这个计算机就被认为通过测试,它就有像人类一样

的智能。这就是图灵的模仿游戏,即如今广为人知的图灵测试。

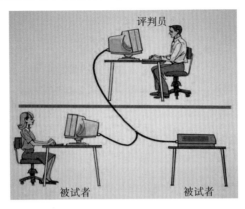

图 1.3　图灵测试

1.2 什么是人工智能

要定义人工智能不是一件容易的事情,涉及的领域是广泛的。人工智能是多个领域的交叉学科,包括计算机科学、数学(包括逻辑、优化、分析、概率、线性代数等)和认知科学等。这些核心科学还需要同它们应用领域的特定知识相结合,而且AI中的每个算法整合了多种技术,包括语义分析、符号计算、机器学习、探索分析、深度学习和神经网络等。

什么是人工智能? 按照 John McCarthy 的观点:人工智能是让机器做要求的、需要由人的智能才能完成的事情的科学。它要求高级的智力处理,例如感知学习、记忆和周密思考。人工智能是研制智能机,特别的智能计算机程序的科学和工程。它涉及使用计算机理解人类智能的任务,但人工智能并不局限于从生物发现的方法。

至今,AI还没有一个得到普遍认可的定义。美国国家标准与技术委员会将AI技术和系统描述为包括可以学习求解复杂问题的软件和(或)硬件,使得能预测或承担要求像人的感觉(例如视觉、说话和接触)、感知、认知、规划、学习、通信或身体行为的任务。

下面一段话是美国2021财政年度的桑伯里国防授权法案(NDAA)给出的AI定义。

术语"人工智能"指的是一个基于机器的系统,对于一组人类定义的目标,它可以做出影响真实或虚拟环境的预测、建议或决策:(A)人工智能系统使用机器和基于人类的输入来感知真实和虚拟环境;(B)通过自动化分析将这些感知抽象为模型;(C)使用模型推理来指定信息或行动的选择。

人工智能的定义有多种,我们从不同的视角给出几种有代表性的定义。

人工智能的技术解释:人工智能是计算机科学的一个分支,其目的在于建立智能机器,它已成为技术产业的基本部分。人工智能的核心问题包括确定特征的计算机程序设计,例如知识、推理、问题求解、感知、学习、规划和操纵与移动目标的能力等。知识工程是AI研究的核心部分,而机器学习是AI的另一个核心部分。机器学习也是AI的重要领域。

人工智能既是一门科学学科,又是一门工程学科,是一种新技术及由此衍生的认知系统,人工智能正在逐渐渗入我们工作和生活的方方面面,和以前改变世界的各种技术相比,人工智能的意义更重大。

人工智能是一门新兴的边缘学科,是自然科学和社会科学的交叉学科,它吸收了自然科学和社会科学的最新成就,以智能为核心,形成了具有自身研究特点的新的体系。它也是一门综合性的学科,它是在控制论、信息论和系统论的基础上诞生的,它涉及哲学、心理学、认知科学、计算机科学、数学以及各种工程学方法。

第二章

AI 分类

人工智能系统由算法提供动力,使用诸如机器学习、深度学习和规则等技术。机器学习算法将计算机数据提供给人工智能系统,采用统计技术使人工智能系统能够学习。通过机器学习,人工智能系统在任务上变得越来越好,而不需要经过专门的编程。人工智能技术是根据它模仿人类特征的能力、用来实现这一特征的技术和在现实世界中的应用来分类的。

根据AI的能力,我们提出以下三种类型的分类:狭义人工智能(ANI, Artificial Narrow Intelligence),又叫弱人工智能(AWI, Artificial Weak Intelligence);广义人工智能(AGI, Artificial General Intelligence)或强人工智能(ASI, Artificial Strong Intelligence)以及超人工智能(ASI, Artificial Superintelligence)。通常把弱人工智能简称为ANI,强人工智能简称为AGI。当前,我们主要实现了弱人工智能。随着机器学习能力的不断发展,科学家们越来越接近实现强人工智能。

2.1 弱人工智能

弱人工智能是针对特定任务设计的AI系统,目的只是在于得到一个可以工作的系统。由于它只是要我们建立可以像人那样工作的系统,因而它不可能告诉我们人是怎样思考的。

弱人工智能是迄今为止成功实现的人工智能类型。弱人工智能是以目标为导向的,旨在执行单一任务——如面部识别、语音识别/语音助手、驾驶汽车或搜索互联网——并且在完成特定任务时非常智能化。

在我们周围看到的所有现有的人工智能应用程序都属于这一类。它可以像人一样执行狭义确定的特定任务。虽然这些机器可能看起来具有智能，但它们是在一组狭窄的约束和限制下运行的，它不会模仿或复制人类的智能，它只是基于一个狭窄的参数和上下文范围来模拟人类的行为。

Aacademic Publisher Elsevier（2018 年）出版的 AI 文献，提出了 AI 的很多重要概念和研究领域。它基于 AI 相关资料的 60 万个样本，分析了 800 个关键字的比较，以 7 组 AI 的分类报告出版。这 7 组报告如下：

（1）搜索和优化

（2）模糊系统

（3）规划和决策

（4）自然语言处理和知识表示

（5）计算机视觉

（6）机器学习

（7）概率推理和神经网络

2.2 强人工智能

强人工智能或人类水平的AI（Human-Level AI）是与人一样聪明的计算机。强人工智能集中研究和开发人能做的任何智能任务。强人工智能的研究和开发重点是人的认知的机器实现。

强人工智能是一种具有通用的智能，它能模仿人类智能行为，可利用具有学习和应用智能能力的机器来解决任何问题。强人工智能可以思考、理解和行动。强人工智能使用了一种思维理论的人工智能框架，它指的是识别其他智能权利的需求、情感、信念和思维过程的能力。心理层面的人工智能理论不是关于复制或模拟，而是关于训练机器来真正理解人类。

强人工智能的相关特性如下。

1.智能的本质：一般的强人工智能要解决什么是连续智能的问题。

2.这隐含了人工智能以下基本问题。

（1）人的本性：它意味着人想要做什么。

（2）现实性的本质：什么是现实性。

（3）知识的本质：我们能够知道的现实性是什么。

Linda Gottfredson 教授描述强人工智能是具有"一种非常一般的智力能力，涉及推理、规划、问题求解、抽象思维、理解复杂概念、快速学习和根据经验学习等能力"。其目的在于真正模拟人的推理，因而不仅可建立可思考的系统，而且可以解释人是怎样思考的。

　　强人工智能有能力像一个普通人一样具有学习、理解和执行能力。这些系统将具有跨不同领域的多功能能力。这些系统将更加灵活，并将像人类一样，在面对前所未有的情况时，做出反应和即兴发挥。

2.3 超人工智能

什么是超人工智能？超人工智能是：当计算机的能力超过人类时称为超人工智能。

对于超人工智能，牛津哲学家、著名 AI 思想家 Nick Bostrom 定义为：实践上，在每个领域，包括科学创造性、通识和社交技能，都比优秀的人更聪明的一种才智。

我们也可以试验性地定义超人工智能为：极大地胜过人在几乎所有领域的认知表现的一切智力。

超人工智能将是人工智能发展的终极目标，它将是这个星球上存在的最有效的智能形式。它将能够比人类更好地执行所有的任务，因为它们的数据处理、记忆和决策能力异常优越。

除了复制人类的多方面智力，超人工智能理论上在人类做的每一件事上都会做得非常好，包括数学、科学、体育、艺术、医学、情感关系等领域。超人工智能将具有更强的记忆和更快的处理和分析数据的能力。因此，超人工智能的生物决策和问题解决能力将远远优于人类。

也有人认为，超人工智能是一种假设的人工智能，即我们没有可能达到这种程度。但如果我们达到，那我们能知道将会发生什么。它不仅能够模仿或理解人类的智能和行为，而且超人工智能使机器变得有自我意识,超越人类的智能和能力。因此,基本上,它是想象中的AI。

专家们根据AI的问题和解决方式提出了不同的分类。一本通用的AI教科书采用了下面的分类,比较引人注目。

1.像人那样思考的系统,例如,认知结构和神经网络。

2.像人那样行动的系统,例如,借助于自然语言处理通过图灵测试;知识表示、自动推理和学习。

3.理性思考的系统,例如,逻辑求解器,推理和优化。

4.理性行动的系统,例如,能够感知、规划、推理、学习、通信、决策和行动。

第三章

主要研究领域

3.1 知识表示

知识表示技术的目的是存储和操纵信息（逻辑表示和概率表示）。

人工智能研究的目的就是要建立一个模拟人类智能行为的系统，为了达到这个目的，必须研究人类已经获得的知识在计算机上的表示方式，只有这样才能把知识存储到计算机中，从而用于解决实际问题。因此知识表示可以看作是将知识符号化并输入到计算机的过程和方法。从某种意义上讲，可以将知识表示视为数据结构及其处理机制的综合，主要方法有以下几种。

逻辑表示

逻辑表示是一种具有特定规则的具体语言，它处理命题使其在表示上没有歧义。逻辑表示是指根据各种条件得出结论，这种表示法规定了一些重要的通信规则，它由精确定义的语法和语义组成，每个句子都可以用语法和语义翻译成逻辑。

语法：语法是决定我们如何在逻辑中构建合法句子的规则。它决定了我们可以在知识表示中使用哪个符号和如何写出这些符号。

语义：语义是我们在逻辑中解释句子的规则。语义还包括每个句子的含义。

逻辑表示主要可分为两种：命题逻辑与谓词逻辑表示。

产生式

产生式这个术语是 1943 年由美国数学家 E.Post 提出的,通常用于表示具有因果关系的知识,其基本形式是:

$$P \rightarrow Q \text{ 或 If P Then Q}$$

其中,P 是产生式的前件,Q 是一组结论,用于描述该产生式的前件 P 被满足时,应该得出的结论或应该执行的操作。P 和 Q 都可以是一个或一组数学表达式或自然语言。产生式表示方法容易描述事实、规则,以及它们的不确定性度量。

前面介绍的产生式的基本形式可以表示确定性知识,对于不确定性知识,可用如下形式表示:

$$P \rightarrow Q(\text{可信度}) \text{ 或者 If P Then Q}(\text{可信度})$$

框架

在人们日常思维和求解问题活动中,当分析和解释新情况时,一般会利用过去积累的经验。这些经验是从无数个事例、事件中提取的,虽然规模巨大,但是以很好的组织形式存储在人类大脑里,然而计算机无法把所有的事例、事件像人脑一样存储,只能用一个通用的数据结构形式来存储以及处理新情况,这样的数据结构称为框架。1975 年,Minsky 在论文 *A Frame Work for Representing Knowledge* 中提出了框架理论。框架表示法是以框架理论为基础发展起来的,适用于表达多种类型的知识表示方法。框架理论的基本观点是:人脑已存储有大量的典型情景,当面临新的情景时,就从记忆中选择一个称作框架的基本知识结构,其具体内容依新的情景而改变,形成对新情景的认识,新的认识又存储于人脑中。

在人工智能的一些专业论文中,框架是这样定义的:框架是带有关于某个对象和概念的典型知识的数据结构,一个框架由框架名和一组用于描述框架各方面具体属性的槽组成,每个槽设有一个槽名,它的值描述框架所表示的事物的各组成部分的属性。我们可以将数据库记录扩展到包含一些填充值的槽形成的框架,槽内的值,可以是逻辑的、数字的,还可以是计算值的过程,或指向其他框架的指针。在较复杂的框架中,槽下面还可进一步划分为多个侧面,每个侧面又有一个或多个侧面值。框架表示模拟了人脑对事物的多方面、多层次的存储结构,直观自然,易于理解,且充分反映事物间内在的联系,有较好的模块性,易于扩充。不足之处在于,框架结构本身还没有形成完整的理论体系,框架、槽和侧面等各知识表示单元缺乏清晰的语义,不擅于表达过程性知识,支持其应用的工具尚待开发。

语义网络

语义网络是一种用结点表示实体,用结点之间的弧表示实体与实体之间的语义关系,从而构成一个有向图来表达知识的一种方法。有向图中的各个结点可以表示各种事务、概念、情况、属性、状态、事件和动作等,有向图中的弧是有方向的,表示结点间的主次关系。语义网络一词由 J.R.Quillian 于 1968 年在博士论文中提出,1970 年 Simon 正式提出语义网络概念。目前此概念已在专家系统和自然语言理解等领域得到广泛应用。

在语义网络结构中,结点表示一个问题领域中的物体、概念、属性、事件、动作或状态,一般划分为实例结点和类结点(或称概念结点)两种类型。弧表示结点之间的语义联系,也是语义网络组织知识的关键。语义网络中最基本的语义单元为语义基元,语义基元可用如(结点 1,弧,结点 2)这样一个三元组来描述。基本网元是一个语义基元所对应的那部分网络结构。

也有教材将语义网络的基本语义联系归纳为:类属关系、包含关系、属性关系、时间关系、位置关系、相近关系、因果关系、组成关系等。因此,用语义网络表示知识的步骤归结为:

◆步骤 1:确定问题中所有对象和对象的属性;

◆步骤 2:确定对象间的关系;

◆步骤 3:根据语义网络所涉及的关系,对语义网络中的结点和弧进行整理,包括增加结点、弧,归并结点等;

◆步骤 4:将各对象作为语义网络的一个个结点,各个对象间的关系作为各个结点的弧,连接形成语义网络。

3.2 问题求解

　　人工智能问题广义上都可以看作是一个问题求解过程,因此,问题求解是人工智能的核心。人工智能最早的工作是围绕问题求解的一般概念,并着手于基本技术的生成和测试。虽然这样的经典问题求解不可能得到特别的成就,但几乎为每个可能的系统探索研究提供了理念性的支持。用在经典问题求解的基本技术是搜索。问题求解搜索已有若干算法,包括广度优先搜索 BFS(Breadth First Search)、深度优先搜索 DFS(Depth First Search)、瞎子爬山、有梁搜索和 A^* 等。还有人工智能问题求解的某些分支涉及对抗问题的搜索,像经典的 2-对手博弈即在求解中采用了对抗搜索算法,如 Minimax 算法。

3.3 自动推理

从一个或几个已知的前提,逻辑地推论出一个新的结论的思维形式称为推理,这是事物的客观联系在意识中的反映。人解决问题就是应用以往的知识,通过推理得出结论。从计算机角度看,推理就是使用存储的信息,回答问题并得出新的结论。自动推理的理论和技术是程序推导、程序正确性证明、专家系统、智能机器人等研究领域的重要基础。根据知识的精确性,自动推理可分为以下几种。

（1）精确知识的推理;

（2）不确定知识的推理;

（3）概率推理;

（4）基于示例的推理。

3.4 神经网络

人脑由大脑、小脑和脑干、间脑等组成,大脑是神经系统最高级的部位。大脑分成左、右两个半球,称为脑的左半球和右半球,或者左脑和右脑。脑干上面承接大脑半球,下面连着脊髓,是不规则的柱形,脑干主要维持生命活动,尤其是心跳、呼吸、睡眠等。小脑主要控制身体肌肉的运动以及协调身体平衡。

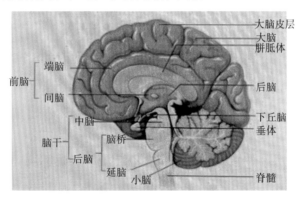

图3.1　人脑结构示意

生物神经网络:一般指由生物的大脑神经元、细胞、触点等组成的网络,用于帮助生物进行思考和行动。生物神经网络主要是指人脑的神经网络,它是人工神经网络的技术原型。人脑是人类思维的物质基础,含有大约1000亿个神经元。思维的功能定位在大脑皮层,含有大约140亿个神经元,每个神经元又通过神经突触与其他神经元相连,组成一个高度复杂、高度灵活的动态网络。作为一门学科,生物神经网络主要研究人脑神经网络的结构、功能及其工作机制,意在探索人脑思维和智能活动的规律。

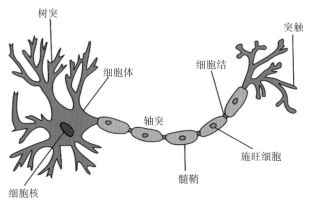

图3.2　神经元间的连接

人工神经网络

人工神经网络,也称作连接模型,它是一种模仿动物神经网络行为特征,进行分布式并行信息处理的算法数学模型。这种网络依靠系统的复杂程度,通过调整内部大量节点之间相互连接的关系,从而达到处理信息的目的。

人工神经网络是一种应用类似于大脑神经突触连接的结构进行信息处理的数学模型。在工程与学术界也常直接简称为"神经网络"或类神经网络。

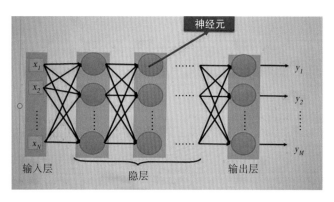

图3.3　人工神经网络

　　图3.3中每个圆圈都是一个神经元,每条线表示神经元之间的连接。我们可以看到,上面的神经元被分成了多层,层与层之间的神经元有连接,而层内之间的神经元没有连接。最左边的层称为输入层,这层负责接收输入数据;最右边的层称为输出层,我们可以从这层获取神经网络输出数据。输入层和输出层之间的层称为隐层,隐层大于两层的神经网络称为深度神经网络。

3.5 机器学习

"机器学习"一词的出现可以追溯到20世纪中期。1959年,Arthur Samuel 把机器学习定义为"没有明显像计算机程序那样预先确定的学习能力"。

机器学习是人工智能的核心子领域,机器学习是帮助计算机具有学习能力的 AI 类,它是一门涉及能够自主学习的计算机软件学科。机器学习是获取知识、积累经验、改进性能和适应环境的过程。本质上是计算机教自己逐渐形成新的、变化无穷的数据。机器学习技术是为了直接从各种经验建模认知过程。每个学习技术分为两步:第一步是学习阶段,使用输入数据寻找手边最佳适配参数;第二步是推理阶段,以学到的参数作为输入,并执行相应的任务。

目前各相关机构正在机器学习方面投入大量资金,以获得其在不同领域的应用效益。医疗保健和医疗专业人士需要机器学习技术来分析患者数据,以预测疾病和进行有效治疗。银行和金融部门需要通过机器学习来进行客户数据分析,以识别并向客户建议投资方向,以及预防风险和欺诈。零售商利用机器学习,通过分析顾客数据,来预测不断变化的顾客偏好及消费行为。

深度学习是机器学习研究的新领域。深度学习的概念是由Hinton 等人于 2006 年提出的,它完全是基于人工神经网络。深度学习也称为深度结构学习或分层学习,它是基于学习数据表示方法,以及相对于特定任务算法的机器学习的一个子领域。学习可以是有监督的、半监督的和无监督的。

深度学习的重大发展是人工智能得到广泛运用的主要驱动力。在2012年,深度学习刚刚开始受到大家重视,那时候图像网络竞赛的冠军软件用了8层的神经网络,到了2015年则用到了152层,到了2016年更是达到了1207层。这是一个非常庞大的系统,把这么一个系统训练出来,难度是非常大的。

深度学习已被广泛应用于航空航天和军事等许多领域,如探测卫星;通过识别工人接近机器时的风险,帮助提高施工安全性;帮助检测癌细胞;等等。它也被应用于自然语言处理、语音识别、计算机视觉、联机推荐系统、生物信息学和计算机游戏等方面。

3.6 自然语言处理

人工智能专注于理解和生成人类语言的领域被称为"自然语言处理"。自然语言处理包括自动文本解析和理解、语音识别、人类语言之间的机器翻译、文本生成、文本摘要和问题回答。从开发的早期开始,计算机就能够理解高度结构化的计算机编程语言(如今天的 C、Python 和 Java),以及电子表格中使用的命令。但人类交互通常不使用这些高度结构化的语言;他们使用"自然语言",如英语、汉语。

人工智能关注计算机和人类(自然)语言之间的交互,特别是关注用计算机编程来处理大型自然语言数据。自然语言处理是使机器既能处理,又能理解人类手写的语言。最近,深度学习不仅能分析大量的文本,而且能承担文本综述、语言翻译、文本建模等服务。

自然语言理解是自然语言处理的一个分支,它把人说的自然语言转换成结构化数据,并能执行两种任务——意图分类和实体抽取。至今,自然语言处理研究提出了许多理解人类语言的算法和系统,这些算法和系统解决了语音和书面语言的语法和语义,并使用了来自统计学、符号推理、信号处理和机器学习的技术。

大量文本的可用性(如在 Web 上的可用性)使自然语言处理有可能从机器学习的最新进展中获益,从而使自然语言处理任务在广泛的应用中获得前所未有的性能。例如,微软的语音识别系统已将其错误率降低到小于5.1%,而科大讯飞的语音识别系统词错误率降低到小于3%。谷歌翻译使得为科学家、金融分析师和任何需要用外语编写信息的人即时翻译文本成为可能。

中国拥有世界领先的语音和视觉识别技术,其人工智能研究能力也令人印象深刻。百度于2015年11月发布的Deep Speech 2已经能够达到97%的正确率,并被《麻省科技评论》评为2016年十大科技突破之一。另外,早在2014年香港中文大学开发的Deep ID系统就在LFW数据库中达到了99.15%的识别正确率。

3.7 图像和视频识别

　　解释图像，比如识别一个人或一个对象，以及其周围环境，对人来说是一件相对容易的任务。我们的大脑能高效地处理我们看到的信息：一张照片、一辆汽车或一片风景，这对人类而言十分容易，但对计算机来说却是一件具有挑战性的任务。因为自动驾驶汽车的发展、自动标记图像鉴别系统的改善、医学图像设备的发展都依赖于图像和视频识别技术的提升。媒体平台怎样用照片做人脸识别？主要采用了传统的神经网络技术。

3.8 智能机器人

机器人学是今天快速发展的令人兴奋的领域。机器人学的目的是研究一种能够独立移动和完成任务的机器,目的是将那些由人类完成的任务自动化。也就是说,机器人是一种可编程的机械装置,它们从传感器中获取输入,在内部对输入进行推理以确定动作,然后执行这些动作。

图3.4 智能机器人

智能机器人是硬件和智能,或者说是机械学与人脑的复杂组合。因此,智能机器人技术是真正多学科的融合,包括物理学、机械学、生物学、数学、计算机科学、统计学、控制论、哲学等。机器人的构成特征是移动性、感知、规划、搜索、推理、对不确定性问题的处理、视觉、学习、自主性等。

机器人技术已经改变了工业制造的方式,并被证明在替代人完成许多枯燥、重复、危险和肮脏的任务时是有效的。工业机器人的早期部署可以追溯到20世纪60年代,它们之所以取得成功,是因为当时的机器人是在非常精确的条件下和没有变化的环境中工作。今天,随着硬件、算法和软件的进步,机器人正变得越来越能适应在不熟悉的和以人为中心的环境中工作。

由于这些进步,机器人技术在许多领域实现了强大的解决方案,包括制造业、运输、农业、国防、医药、环境监测和家庭活动。机器人应用的一个特别有前途的领域是自动交通,包括目前许多公司所追求的机器人出租车系统,以及自动驾驶系统,如卡车、船只、农业设备、高尔夫球车、送货车辆和轮椅等。机器人还可以前往某些特殊环境,包括外太空、深海和活动火山的内部。

到目前为止,大多数人已经习惯了看到机器人在制造工厂工作,甚至也很熟悉无人驾驶汽车。近年来,另一个产生重大影响的应用是在仓库中使用机器人。例如,由被亚马逊收购的 Kiva 系统公司制造的机器人已经改变了仓库流程。每个 Kiva 机器人都是一个带轮子的小盒子,高约 30 cm,长约 60 cm,宽约 75 cm。当顾客从亚马逊购买东西时,机器人会从一个可移动的吊舱中取出订购的物品,然后交给负责打包的工人。一旦工人将物品从吊舱中移除,机器人就会将吊舱送回到适当的位置。过去,工人必须通过亚马逊仓库的通道来获取订单所需的物品。现在,机器人开始接手这项工作了。物品不再需要存储在一个固定位置;预测需求多的物品可以放在离工人更近的地方,其他物品可以放得更远,从而减少机器人的移动距离。

3.9 计算机视觉

计算机视觉是一个跨学科的领域,它使计算机能够从数字图像、视频和其他视觉输入中获得有意义的信息,并根据这些信息采取行动或提出建议。如果人工智能使计算机能够思考,那么计算机视觉就使它们能够看到、观察和理解。从工程学的角度来看,它寻求实现自动完成人类视觉系统的任务。

计算机视觉系统训练机器来执行这些功能,一个经过训练来检查产品或观察生产资料的系统可以在一分钟内分析数千种产品或过程,注意到难以察觉的缺陷或问题,所以它可以迅速超过人类的能力。

计算机视觉的工作原理与人类视觉基本相同。人类的视觉具有终身语境的优势来训练如何区分物体,它们有多远,它们是否在移动,以及图像中是否有问题。

计算机视觉需要大量的数据。它一遍又一遍地进行数据分析,直到它最终识别出图像。例如,要训练计算机识别汽车轮胎,就需要输入大量的轮胎图像和与轮胎相关的图像来了解差异和识别轮胎,特别是一个没有缺陷的轮胎。

有两种基本的技术被用来实现这个目标:一种是深度学习的机器学习,另一种是卷积神经网络。

机器学习使用算法模型,使计算机能够自学视觉数据的上下文。如通过模型输入足够的数据,计算机则"查看"这些数据,并学会区分一幅图像和另一幅图像。算法使机器能够自己学习,而不是靠人通过编程来识别图像。卷积神经网络通过将图像分解为给定标签或标签的像素来帮助机器学习或深度学习模型去"看"。它使用标签来执行卷积(对两个函数进行数学运算来产生第三个函数的操作),并对它"看到的图像"进行预测。神经网络运行卷积,并在一系列的迭代中检查其预测的准确性,直到预测开始成真。然后,它会以一种类似于人类的方式来识别图像。就像人类在远处拍摄图像一样,卷积神经网络首先识别硬边缘和简单的形状,然后在迭代预测时填充信息。卷积神经网络被用来理解单个图像。递归神经网络也以类似的方式用于视频程序,以帮助计算机理解一系列帧中的图片是如何相互关联的。

3.10 专家系统

专家系统是一种计算机程序,它使用人工智能技术来模拟一个人或一个在特定领域拥有专家知识和经验的组织的判断和行为。专家系统是一个交互式和可靠的基于计算机的决策系统,它利用事实和启发式来解决复杂的决策问题。它被认为是人类智力和专业知识的最高水平。专家系统的目的是解决特定领域中最复杂的问题。第一个专家系统创建于20世纪70年代,然后在20世纪80年代,专家系统的数量激增。专家系统是第一批真正进入实用的人工智能软件之一。

专家系统一般由四个部分组成:知识库、搜索或推理系统、知识获取系统和用户界面或通信系统。专家系统有五种基本类型,包括基于规则的专家系统、基于框架的专家系统、模糊专家系统、神经专家系统和神经模糊专家系统。一个基于规则的专家系统是一个简单的系统,其中知识被表示为一组规则。专家系统主要应用于农业、教育、环境、法律、制造、医药等领域。人们利用专家系统开发了大量的新产品以及对已有的产品进行新的配置。

3.11 AI硬件优化

　　人工智能软件在商业中有很大的需求量,随着人们对该类软件关注的增加,支持该类软件的硬件也出现了。传统的芯片不能很好地支持人工智能模型,新一代用于神经网络、深度学习和计算机视觉应用的人工智能芯片正在涌现。AI的硬件包括用于处理可伸缩工作负载的CPU、用于神经网络的专用内置硅、神经形态芯片等。英伟达、高通等公司正在开发能够执行复杂的人工智能计算的芯片。医疗保健和汽车可能是首先受益于这些芯片的行业。

3.12 自动驾驶

自动驾驶汽车能够通过传感器和摄像头了解其周围环境,然后通过处理这些外部设备接收到的数据做出决策。随着硬件技术和嵌入式设备的巨大发展,小组件可以有效地对各种形式的数据进行计算。最新的结果显示,自动驾驶汽车已经变得非常高效,并且已经尝试在没有任何人为干预的情况下驾驶汽车。先进和复杂的控制系统、算法和软件利用所有的感官数据和信息来选择正确的操作。自动驾驶汽车具有复杂的控制系统,能够接收传感器数据,并分析数据以区分周围环境中的不同物体,识别车辆和环境中的障碍。

美国国家公路交通安全管理局已经将自动驾驶汽车归类为五个级别:即(0级)没有自动化,(1级)辅助自动化,(2级)半自动化,(3级)高自动化,(4级)全自动化。更重要的是,在0级到2级模式下,需要驾驶员的参与。目前还没有达到第5级自动化程度的汽车,毕竟自动驾驶汽车的结构意味着机械和电气方面的全新设计。目前有两种解决方案:将真正的汽车转变为自动驾驶汽车;设计新车。

3.13 随机游走

在数学中,随机游走是一个随机过程,它描述了在某些数学空间上由一系列随机步骤组成的路径。随机游走的一个基本例子是在整数网格上的随机游走,它从0开始,每次以相同的概率向四周的某个方向移动一步。其他的例子包括分子在液体或气体中移动时所具有的路径(见布朗运动),觅食动物的搜索路径或股票短期价格的波动。

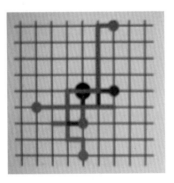

图3.5 随机游走

3.14 博弈

　　博弈是一种玩家参与由规则定义的人为冲突的系统,它会产生可量化的结果。一种新的定义包含6个功能:(1)规则:博弈是基于规则的;(2)可变的、可量化的结果:博弈有可变的、可量化的结果;(3)对可能结果赋予不同的值:博弈的不同潜在结果被赋予了不同的值,有些是积极的,有些是消极的;(4)玩家的努力:玩家投入自己的努力来影响结果,也就是说,博弈很有挑战性;(5)关注结果的玩家:玩家关注博弈的结果,如果发生一个积极的结果,玩家将"快乐",如果发生一个消极的结果,则会"不快乐";(6)可协商的结果:博弈可以类比现实生活中同类事件的结果。

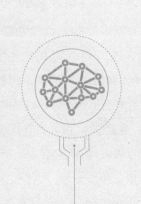

第四章

AI重大突破

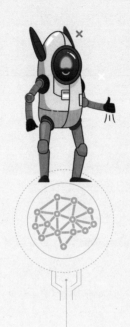

人工智能是目前科技界最热门的流行词。在过去的几年里，一些以前属于科幻小说的技术慢慢地转变为现实。今天，人工智能技术已经成为我们生活的组成部分：我们将使用人工智能技术驾驶我们的汽车，回答我们客户的服务咨询，以及做无数其他的事情。以下是引领我们走向这些激动人心的时刻的重大技术突破。

4.1 获得"大理念"

人工智能的概念并不是突然出现的——它是一场深刻的哲学辩论的主题：机器真的能像人类一样思考吗？ 机器能成为人吗？ 最早想到这个问题的人是雷内·笛卡儿。早在 1637 年，笛卡儿总结了一些实现这一目标必须克服的关键问题和挑战。

图4.1　雷内·笛卡儿

笛卡儿认为：如果有一些机器与我们的身体相似，并且为了所有的实际目的尽可能地模仿我们的行为，我们仍然应该有两种非常确定的方法来认识到他们不是真正的人。在他看来，机器永远不能使用单词或"宣布我们的想法",并且机器也不可能给出一个适当的有意义的回答。

在此基础上,笛卡儿进一步指出:即使有些机器在某些事情上做得和我们一样好,或者可能更好,但它们的行为不是出于理解,而仅仅是出于它们组件的配置。

4.2 模仿游戏

第二个主要的哲学基准来自计算机科学先驱艾伦·图灵。1950年,他第一次描述了后来被称为图灵测试的检测方法,以及他所说的"模仿游戏"——一种测量我们最终宣称机器可以有智能的测试。他的测试很简单:如果测试者不能区分人和机器(比如,通过与两者进行交互),则可以认为这台机器具有人的智能。

令人高兴的是,当时图灵对计算机的未来做出了一个大胆的预测——他估计到20世纪末,他的测试将会被通过。

他认为:经过大约50年的时间可以有编程计算机,存储容量约1 GB,如果玩模仿游戏,有平均不超过70%的机会做出正确的回答;在20世纪末,人们将深入地探索机器能否思考的问题。

遗憾的是,他的预测有点为时过早,虽然我们现在开始看到一些真正令人印象深刻的人工智能技术成果,但在2000年,这项技术要原始得多。

4.3 第一个神经网络

"神经网络"是科学家们经过反复讨论起的花式名字,是解开现代人工智能的关键概念。从本质上说,当涉及训练人工智能时,最好的方法是让系统猜测,接收反馈,并再次猜测——不断地改变它,最后找到更加正确的答案。

图4.2 一个由谷歌神经网络创作的图像

非常令人惊讶的是,第一个神经网络实际上是在 1951 年创建的。它被称为"SNARC"——随机神经模拟强化计算机,由马文·明斯基和迪恩·埃德蒙兹发明,不是由微芯片和晶体管制造的,而是由真空管、马达和离合器制造的。

这台机器能帮助一只虚拟老鼠解决迷宫难题。该系统能在迷宫中导航,每次动作的影响都会被反馈到系统中——用来存储结果的真空管。这意味着机器能够学习和改变概率——从而更快通过迷宫。

它本质上是人工智能软件识别照片中物体的一个非常非常简单的版本。

4.4 第一辆自动驾驶汽车

当我们想到自动驾驶汽车时,我们会想到谷歌的 Waymo 项目——但令人惊讶的是,早在 1995 年,梅赛德斯–奔驰就成功地生产了一辆改良的 S 级汽车,并且从慕尼黑一直开到哥本哈根。

图 4.3　梅赛德斯 S 级轿车

这辆梅赛德斯 S 级轿车,包含了 60 种传感芯片,而且是当时先进的并行芯片,这意味着它可以处理大量的数据,这是自动驾驶汽车实现快速响应的关键因素。

当时,这款车的速度达到了每小时约 185 km,实际上与今天的自动驾驶汽车相当接近,它甚至能够超车并阅读路标。

4.5 切换到统计信息

虽然神经网络作为一个概念已经存在一段时间了,但直到20世纪80年代末,人工智能研究人员才从基于规则的方法转向了基于统计数据的方法。这意味着,与其试图通过预测人类操作的规则来建立模仿智能的系统,不如采用试错的方法,根据反馈调整概率,这是教机器思考的一种更好的方法。这是一件大事——因为正是这个概念使人工智能技术取得了今天这样令人惊奇的成果。

这种转变是在1988年出现的,当时IBM的T.J.沃森研究中心发表了一篇名为《语言翻译的统计方法》的论文,该论文专门讨论了使用机器学习来做翻译。

4.6 深蓝击败了加里·卡斯帕罗夫

尽管焦点转向统计模型,但基于规则的模型仍在使用——1997年,IBM举办了一场可能是有史以来最著名的国际象棋比赛,因为IBM的深蓝计算机击败了国际象棋世界冠军加里·卡斯帕罗夫。

这场比赛实际上是一场重演:1996年,卡斯帕罗夫以4胜2负的成绩击败了上一代深蓝计算机。直到1997年,机器才占了上风,在六场比赛中直接赢了两场,并与卡斯帕罗夫打成三平。

图4.4 加里·卡斯帕罗

在一定程度上,深蓝公司的智能是虚幻的——IBM本身就认为它的机器没有使用人工智能。相反,深蓝使用了蛮力处理的组合——每秒处理数千个可能的行棋策略。深蓝计算机存储了数以千计的棋谱,它并不会学到任何新东西,而只是查找之前的大师在相同情况下的反应。正如IBM所指出的,"他是在扮演过去的特级大师"。

不管这是否真的是人工智能,但可以肯定的是,它绝对是一个重要的里程碑。自从计算机与卡斯帕罗夫交锋以来,在游戏中击败人类玩家已经成为一种主要的机器智能测试方式——正如我们在2011年看到的那样,当时IBM的沃森系统轻松击败了"危险边缘"游戏中的两个最好的玩家。

4.7 Siri 语言

长期以来,自然语言处理一直是人工智能的圣杯——如果我们要拥有一个人形机器人,或者我们可以像《星际迷航》中那样通过计算机下单,自然语言处理能力是至关重要的。

SRI国际推出一个应用程序并在iOS应用商店中销售,它能深入集成到iOS,以及其他的一些同类软件产品,如谷歌助理,微软改变了我们与设备互动的方式。

今天我们认为这些功能是平平常常的——但是你只需要问一问那些在2010年之前尝试过使用将语音转换为文本应用程序的人,就能知道我们已经走了多远。

4.8 图像识别挑战

　　与语音识别一样,图像识别也是人工智能帮助克服的另一个主要挑战。2015 年,来自谷歌和微软的两个系统的图像识别在 1000多个类别中比人类能更快、更准地识别图像中的物体。

　　这些"深度学习"系统成功地击败了图像网络的挑战,比如图灵测试。

4.9 GPU促成人工智能经济

人工智能得到广泛应用的一个重要原因是,在过去几年里,处理这么多数据的成本降低了很多。

据《财富》杂志报道,直到21世纪末,研究人员才意识到,为3D图形和游戏开发的图形处理单元(GPU)在深度学习计算方面比传统CPU强20-50倍。一旦人们意识到这一点,可用的计算能力就会大大增加,使当今支持无数人工智能应用程序的云人工智能平台成为可能。

>>>>>>>> 4.10 IBM Watson <<<<<<<<

IBM Watson 是认知计算系统的杰出代表,也是一个技术平台。认知计算代表一种全新的计算模式,它包含信息分析、自然语言处理和机器学习领域的大量技术创新,能够帮助决策者从大量非结构化数据中揭示规律。

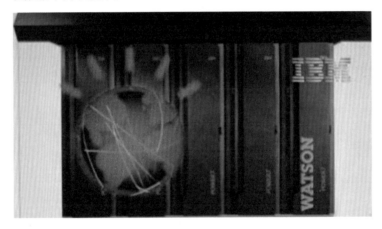

图 4.5 IBM Watson

IBM Watson 系统具有以下能力。

理解能力:它具有强大的理解能力。通过自然语言理解技术和卓越的处理结构化与非结构化数据的能力,它能够与众多行业用户进行交互,并理解和应对用户的问题。

推理能力：它有逻辑思考能力，Watson通过生成假设，能够透过数据揭示隐藏在数据中的模式和关系，将散落在各处的知识片段连接起来，进行推理、分析、对比、归纳、总结和论证，获取决策的证据。

学习能力：它有优秀的学习能力。Watson能够从大数据中快速提取关键信息，像人类一样进行学习和认知。它可以经过训练，在交互中通过经验学习来获取反馈、优化模型、不断进步。

4.11 AlphaGo 软件

AlphaGo 结合了深度神经网络、监督学习和强化学习等技术。2016 年 3 月，谷歌的 AlphaGo 软件获得战胜围棋顶级玩家李世石的好成绩。

这与加里·卡斯帕罗夫历史性的比赛相似。围棋之所以重要，不仅在于围棋是一款在数学上比国际象棋更复杂的游戏，而且它是使用人类和人工智能对手的组合进行训练的。据报道，AlphaGo 系统使用 1920 个 CPU 和 280 个 GPU。

更重要的是该软件的新版本 AlphaGo Zero，它没有像 AlphaGo 和深蓝那样使用之前的任何数据来学习游戏，而只是与自己进行了数千场比赛来提升围棋技能。当机器能够自学时，还需要人类来让机器变得更聪明吗？

4.12 辩论冠军 Project Debater

2019 年 6 月 18 日，IBM 正式推出了人工智能系统 Project Debater，一款实验性会话 AI 系统。同日，Project Debater 与 2016 年的以色列国家辩论冠军 Noa Ovadia、以色列国际辩论协会主席 Dan Zafrir 分别进行了关于医疗和体育教育的辩论，这款 AI 系统出人意料地打败了人类顶尖辩论选手。据 IBM 官方介绍，Project Debater 是第一个可以在复杂话题上与人类辩论的 AI 系统。IBM 把 Project Debater 称为人工智能的又一个里程碑。

图 4.6　辩论冠军 Project Debater

4.13 量子人工智能

量子力学和信息学的结合,产生了一门新兴的交叉边缘学科,称为量子信息科学。量子信息科学组合了数学、计算机科学、工程和物理科学的元素,它包括量子信息处理、量子计算、量子模拟、量子通信、量子密码等分支。它将深刻影响新一轮技术革命。

量子计算与人工智能的融合产生了一门新兴交叉学科,称为量子人工智能(Quantum Artificial Intelligence,简称为QAI),它是最富有吸引力的新技术,是人工智能的新的子领域。对于传统计算机,人工智能创造了可用的应用程序;然而,它受到传统计算机算力的限制。

量子计算机可以为人工智能提供计算的指数级加速,使人工智能能够解决更困难的任务。由于量子计算机的算力优势,量子人工智能可以帮助实现传统计算机无法实现的结果。

4.14 血管里行走的微型机器人

1959年，诺贝尔奖得主、理论物理学家Richard Feynman首次提出微型医用机器人的概念。此后，将电子器件微型化以生产细胞大小的机器人一直是科学家追求的目标，但由于缺乏合适的微米级驱动器系统，该技术一直受到限制。

近来，使微型机器人移动的重要部件——驱动器研究终于出现重大突破，来自美国宾夕法尼亚大学及康奈尔大学的科学家团队首次制造出尺寸小于0.1mm（约为人的头发宽度）的机器人，并且，还能够进行大规模生产，一个大约100 cm²的硅片就可以同时制造约100万个这种机器人。其研究成果在线发表在国际顶级期刊 *Nature* 上，这样的机器人可用针管注入人的血管。

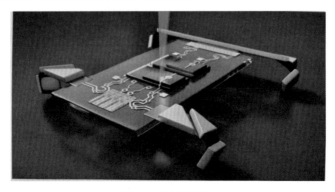

图4.7　微型机器人

第五章

AI 发展

人工智能在 20 世纪 50 年代正式确立，从那时起，人工智能领域被一些人称为经历了"春季"和"冬季"，即一段时期内人工智能取得大量的研究成果和进步，但随后一段时间则出现研究的停顿。人工智能"冬季"出现的原因包括关注理论而不是实际应用，所研究的问题比预期的更困难，以及当时技术的局限性。目前始于 2010 年左右的人工智能领域的进展，大部分都归功于大数据的可用性、改进的机器学习方法和算法，以及更强大的计算能力。随着人工智能产业化应用蓬勃发展，随之诞生的智能机器人开始进入人们的生活。

5.1 AI 春天

第一阶段：手工制作知识。第一代人工智能技术主要是感知和推理技术，但没有学习能力并且缺乏不确定性处理能力。对于这样的技术，研究人员和工程师创造了一系列的"if-then"规则来为明确领域的狭义定义的问题表示知识，然后在硬件中实现。TurboTax 就是这样一个专家系统，规则被内置到应用程序中。它将输入的信息转换为表单输出。

第二阶段：统计学习。从 20 世纪 90 年代开始，第二代人工智能技术有更微妙的感知和学习能力，有一定的抽象能力及较弱的推理能力，但没有上下文能力。对于这样的系统，工程师为特定领域问题建立统计模型，并用大数据训练它们。一般来说，这样的系统从统计上讲是有较强功能的，但单独存在时它们可能会不可靠，特别是训练数据不准确时。例如,一个在有限范围内进行了肤色训练的人脸识别系统对训练集之外的人脸识别来说结果非常不可靠。正如DARPA(美国国防部高级研究计划局)所指出的,这些技术"依赖于大量的高质量的训练数据,而不能改变条件或提供有限的性能保证,也不可能对用户解释结果"。第二代人工智能技术包括语音识别和文本分析。

第二阶段:环境适应。第三代人工智能技术的发展方向是使机器能够适应不断变化的情况,即环境适应。工程师通过创建系统来构建现实世界现象的解释模型,以帮助"人工智能"系统在遇到新的任务和情况时进行学习和推理。人工智能的第三代技术的重点是解释性和一般的人工智能技术。这些方法的目标是通过解释和修正界面来增强学习模型,阐明输出的基础和可靠性,以高度透明的方式运行,并超越弱人工智能达到能够概括更广泛的任务领域的能力。

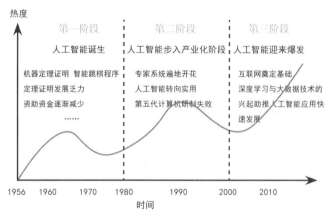

图5.1 人工智能发展的三个阶段

图5.1是人工智能三个阶段发展的图示。

>>>>>>> 5.2 理论进展 <<<<<<<

人工智能发展的60年也可分为两个阶段。第一阶段：前30年以数理逻辑的表达与推理为主。这期间有一些杰出的代表人物，如John McCarthy，Marvin Minsky，Herbert Simmon。

John McCarthy   Marvin Minsky   Herbert Simmon

图5.2　人工智能领域前30年的代表科学家

第二阶段：后30年以概率统计的建模、学习和计算为主。包括统计建模、机器学习、随机计算算法等。

Grenander Brown   Judea Pearl   Leslie Valiant   David Mumford

图5.3　人工智能领域后30年的代表科学家

5.3 AI@50会议

　　AI@50会议,形式上称为"达特茅斯人工智能会议",于2006年7月13—15日举行,会议主题为"未来50年"。1956的夏天,一个科学家小组,为了"达特茅斯夏天人工智能研究计划"而聚集在一起,开创了人工智能领域的研究。为了庆祝该会议举行50周年,2006年,100多名研究人员和学者再次在达特茅斯学院聚会。这次会议不仅是回顾过去和评价现在的成就,而且预示了未来人工智能的研究理念。

　　图5.4　1956年达特茅斯学院夏季人工智能科研项目的五位参与者,在2006年7月的AI@50论坛上重逢。从左起为:Trenchard More,John McCarthy,Marvin Minsky,Oliver Selfridge和Ray Solomonoff。

　　会议内容:

　　AI:过去、现在和未来;

未来的思维模型；

未来的网络模型；

未来的学习和搜索；

未来的视觉；

未来的推理；

未来的语言与识别；

未来的未来；

AI 和游戏；

智能机的界面。

5.4 新一代人工智能

AI 2.0 是新一代人工智能。2016 年 1 月，中国工程院启动了"中国人工智能 2.0 发展战略研究"重大咨询项目。2017 年 7 月，国务院印发《新一代人工智能发展规划》，这是 21 世纪以来中国发布的第一个人工智能系统性战略规划。

图 5.5　中国人工智能 2.0 宣传画

2020 年，一篇由上海氪信科技有限公司与浙江大学、上海交通大学研究人员共同完成的长论文《中国迈向新一代人工智能》在《自然·机器智能》杂志发表，它首次全景扫描了中国新一代人工智能的形成过程和发展现状，指出中国将着眼于大力培养人工智能本土一流人才、加强学科交叉下人工智能理论突破、规范人工智能伦理，特别是构建人工智能生态。

《中国迈向新一代人工智能》一文提出，人工智能是犹如内燃机一样的"使能"技术，具有赋能其他技术的潜力。新一代人工智能将在互联网消费、自主驾驶、智能医疗和智能物联等四个方面发挥突出的赋能作用。随着数字化过程更为标准以及大规模医疗数据不断涌现,医生和人工智能研究人员之间的密切合作将把人工智能辅助系统引入临床工作流程,成为医生的重要辅助工具,并最终改善患者管理。物联网对话式人工智能将成为现实,对话概念将从基于语音扩展到多模态(跨媒体),能够同时处理语音数据和视觉信息的智能算法将广泛应用于各种形式的硬件中,机器人技术将获得新突破。

什么是新一代人工智能?一个真正的新一代人工智能具有思考、学习、自适应和自由会话的能力。

第六章

AI 应用

未来,智能机将在许多领域取代或增强人类的能力。随着人工智能在许多领域的发展,它正在成为计算机科学的一个热门研究领域。在过去的20多年里,人工智能技术极大地促进了制造业和服务业的升级。随着人工智能在科学、工程、商业、医学、天气预报等各个领域的应用,它对人们的工作和生活产生了巨大的影响。人工智能主要包括以下一些应用领域。

◆知识的表示:发现并表达及用有效的方法来描述现实世界各方面的信息。

◆机器学习方法:从一组训练数据中扩展一般趋势的统计,以便可以识别各式各样的技术规范,随着算法的发展,将能够自动构建和执行原始脚本,以实现某些高级目标。

◆不确定推理:它利用统计原理来发展不确定信息的编码。

◆代理架构的研究:它寻求人工智能的其他领域的集成,以创建智能代理,能够成为实现实时自主行为的鲁棒实体。

◆多智能体协调和协作:通过新技术来表示智能体之间协作所必需的能力和知识规范。

◆本体论的发展:创建可被智能系统所使用的显式、正式和多用途知识的目录。

◆语音和语言处理领域:创造用自然语言与人交流的系统。

◆对图像的综合理解:设计出分析照片、图表和视频的算法,以及定量和结构化的可视化显示技术。

应用人工智能的领域如此之多,潜力如此巨大,以至于我们很难想象出未来会有的新发展——尤其是在商业方面。

有人说,我们正处于第四次工业革命中,这是一场与前三次工业革命完全不同的革命。

据《福布斯》报道,第四次工业革命将因为采用网络物理系统、物联网和系统互联网给我们的生活、工作和相互联系方式带来指数级变化。

6.1 人工智能在能源领域的应用

人工智能在能源行业的应用主要是利用人工智能技术实时分析复杂系统的能力,以全新的方式对能源系统进行优化。因为能源电网正在从持续的基底负荷系统转向间歇性的可再生能源发电系统,这一转变大大增加了系统的复杂性。例如,人工智能可以用于优化分布式能源资源,如屋顶太阳能光伏电池,以匹配负载和容量。电表数据可以通过启发式机器学习进行分析,从而提出节省能源的新建议。人工智能技术还可以加速可再生能源的销售和部署。人工智能可以通过更密切地跟踪负荷和可再生能源的变化,从而减少热基础负荷所需的备用储备,进而在电网层面提高能源利用效率。这直接减少了煤炭、石油和天然气的使用,从而减少了温室气体的排放。同时人工智能可以通过提高可容纳的可再生能源数量的上限来增加可再生能源的发电量。在建筑物供暖/制冷方面,可以通过利用机器学习技术,根据气温变化、一天中的日照量变化、是否为工作日等因素来预测建筑的供暖和制冷负荷,从而提高效率。人工智能还可以通过分析电表数据来了解消费者的行为方式,从而通过相应的调节来充分利用资源。

6.2 人工智能在教育领域的应用

人工智能技术可以显著提高学生在课堂内外的学习效率,尽管这种技术在该领域的使用仍处于发展的初期阶段。机器学习可以通过分析学生表现来定制学习内容,从而更好地理解和服务于学生的需求。

在教育中使用人工智能技术不仅可以改善学习环境和学习成果,还可以节省教师的时间,让他们能够专注于有特殊需要的学生,并使课程更符合工作的需要。人工智能技术可以实现分布式教育,以减少学校、校园和班级规模。专家们预测,人工智能在教学评估、智能辅导、建设全球教室、语言学习以及对技能的需求和供应之间进行相关配置等方面具有巨大的潜力。

6.3 人工智能在医疗保健方面的应用

人工智能技术在医疗保健领域有很多用途。这些技术正在迅速成熟,并已经在许多领域中得到应用——从帮助诊断到提高医疗保健工作效率,最主要的用途包括以下方面。

◆辅助医学成像和诊断。此技术可以提高分析的速度和可靠性,在缺乏训练有素的放射科医生等的情况下尤其有益。

◆人工智能分诊。此技术接入远程健康平台,并提供咨询前的分诊,甚至标记潜在的诊断以节省医生的时间。

◆患者数据和风险分析。人工智能技术能对电子健康记录等患者数据进行数据分析和机器学习,达到促进预测性诊断的目的。

◆药物发现。使用卷积神经网络的深度学习技术在预测哪些分子结构可能构成有效药物方面非常有效。人工智能还支持基于个体遗传学和其他基因组分析的药物靶向治疗。

6.4 人工智能在制造业的应用

制造业为人工智能技术提供了许多应用机会,同时也促进了人工智能硬件与软件的创新。人工智能在制造业方面最重要的用途有以下方面。

◆产品和工艺工程上,这包括在CAD("计算机辅助设计"的英文缩写)系统中使用人工智能技术设计出更好的产品。由于CAD软件解决方案的可伸缩性,这一领域是迄今为止最有前途的应用领域。

◆智能CAD系统还可以作为过程模拟工具的界面,以寻找制造出给定产品的最佳方案。例如,3D打印或传统的塑料零件的成型。

◆生产管理。人工智能可以增强维护工作的针对性,如使用数据预测机器故障,特别是针对一些传统的统计表的分析。此外,新一代的机器人可以识别环境,使它们能够根据环境需要来改变自己的行为。

6.5　人工智能在运输业的应用

　　自动驾驶汽车技术往往主导了人工智能在交通领域中应用的研究,但人工智能对交通和物流的影响远远超出了自动驾驶汽车领域。各种交通工具预计都将实现无人驾驶,包括铁路、船舶等,这些都可能在中短期内实现自动驾驶。人工智能技术在应对交通挑战方面具有巨大的潜力,特别是在安全性、可靠性和可预测性、效率和污染等方面。利用人工智能技术可以更有效地规划汽车路线,避免事故,也可以使用更智能的交通信号和其他交通基础设施来设计最佳交通网络。

6.6 人工智能在金融领域的应用

人工智能很可能会在金融服务业的以下领域产生较大的影响。

◆ 获得准确预测客户行为的数据。一个例子是使用人工智能来观察潜在借款人过去的行为，并准确预测其信用。

◆ 支持金融机构遵守法规，以学习、记住和遵守所有适用的法律。在一个日益复杂的监管世界中，这可以显著降低金融机构的运营成本。

◆ 将视觉识别和验证技术用于识别客户和文件，简化了账户创建、贷款和保险发放等流程。例如，人脸识别系统可用于对客户的识别。

◆ 类似人类的聊天机器人可以智能地与客户进行交互，回答问题，并减少客户服务部门的负担。

◆ 利用人工智能技术和数据分析来支持消费者获得抵押贷款，特别是对于那些从事非正式工作的或还款能力相对薄弱的申请人。

第七章

AI 和其他学科的融合

7.1 AI与云计算

经验显示,云计算技术在人工智能的运用中起着重要作用。90%的采用者认为两年内在他们的AI创新中云计算将起到重要作用。为了开发融入AI的系统设计方案,55%的用户更喜欢采用对软件即服务(SaaS)和平台即服务(PaaS)起杠杆作用的基于云计算的服务。

7.2 AI与大数据

正如《麻省理工学院斯隆管理评论》所指出的那样，大数据和人工智能的融合是未来塑造企业如何通过其数据和分析能力获取商业价值的最重要的技术方向。2020年，地球上每个人每秒产生1.7 MB的数据。在这些数据中，如果我们知道如何解析它，就会拥有解决一些世界上的重大科学问题的潜力。

数据是为人工智能提供动力的燃料，而大型数据集使机器学习程序独立和快速学习成为可能。人工智能使我们能够"理解"大量的数据集，以及不完全适合于数据库行和列的非结构化数据。当"大数据"一词被创造出来时，数据已经大量积累，而且当时没有较好的办法正确地处理它。人工智能通过模仿人类学习和解决问题的能力来更有效地完成相关任务，包括处理大量数据。可以说，没有数据，人工智能就是无用的。

7.3 AI和机器人学

"机器人"一词是捷克剧作家 Karel Capek 在 1921 年首先提出的。他写了一个名叫"罗苏姆通用机器人"的剧本。"机器人学"一词则是由著名科幻小说作家 Isaac Asimov 在 1941 年首先提出的。

人工智能和机器人学都诞生于 20 世纪 50 年代,最初这两个学科之间没有明确的区分,原因是"智能机"的概念自然地导致机器人和机器人学。机器人学是工程的一个分支,它涉及机器人的概念、设计、制造和操作。这个领域与电子学、计算机科学、人工智能、机械学、纳米技术和生物工程相交叉。可见人工智能是机器人、特别是智能机器人的支撑学科。

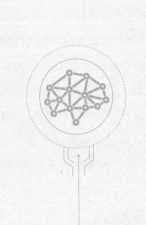

第八章

AI 未来

人工智能将如何改变未来？人工智能正在影响着几乎每个行业和每个人的未来。人工智能一直是大数据、机器人和物联网等新兴技术的主要驱动力。在可预见的未来，它将继续成为一个技术创新者。

　　人工智能目前或许正在迎来"第三次浪潮"，即专注于解释性的通用人工智能技术。这类方法的目标是通过解释和纠正界面增强学习模型，使学习基础更明确，提高输出结果的可靠性，同时加强运行的透明度，能完成更广泛的任务。如果获得成功，那么工程师可以创造一个新的系统，该系统可以利用解释模型去归类真实世界现象，同人类进行自然的交流，在遇到新任务、新情况时主动学习和推理，还能通过对以往经验的归纳来解决新问题。

8.1 专家预言

　　◆Ray Kurzweil 教授是美国著名作家、计算机科学家、发明家，他预言：大约到 2029 年，人工智能将达到人类的水平。到 2045 年，预计将出现多重智能，即相当于人类文明 10 亿倍的生物机智能。

图 8.1　Ray Kurzweil

◆James Canton 是未来主义者、作家、企业家、全球未来协会的 CEO 和协会主席。他曾在 IBM, General Mills, FedEx, Apple, Phillips, Cisco, Sony 等机构工作。他做了一个未来数字化突破是大数据和人工智能的报告,他称为大数据智能。

图8.2 James Canton

◆美国专栏作家、技术分析家 Rob Enderle预言:AI的未来是人+机器,并说不久的将来人工智能将重点运用在商业领域,但人工智能不可能取代人。

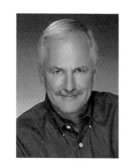

图8.3 Rob Enderle

◆人工智能将怎样影响我们的生活? Toby Walsh 教授(世界顶尖的 AI 研究人员之一)提出一种重要看法:思维机将改变我们的世界。他在其新书中,基于他对技术的深度理解,提出了到2050年人工智能将如何改变社会的 10 项预测。

图8.4 Toby Walsh

◆卡内基·梅隆大学机器学习学院院长 Tom Mitchell 教授表示：人工智能技术正在不断进步,明智的做法是提前做好防范。"我们不会把魔鬼放回到瓶子里。"他在一份声明中称。

人工智能技术正在不断向前发展,人工智能的百年计划正是一条指引我们未来发展的道路,而不是让未来不知不觉来临。

8.2 AI正在改变我们的生活

人工智能看起来相当有趣,它试图将强化学习应用于实际问题,如使机器能够为心理学建模,以做出更好的预测,或者应用于竞争神经网络与生成对抗网络算法,使计算机能够从未标记的数据中学习,使它们更具有智能。

1.医疗保健研究

人工智能中研究最多的领域之一可能是医疗保健——因为它是一个生死攸关的问题。大数据和人工智能技术在医疗保健行业一个非常重要的应用是"个性化医疗"或"精准医疗"领域。

随着人工智能的出现,现在我们有了智能假肢。自2016年首次推出类似人腿的集成下肢以来,人工智能已经成为新一代假肢的关键技术。事实上,目前人们已经开发出一种使用人工智能技术的仿生手。我们将看到更多的传感器应用到假肢上,使假肢能检测压力及温度,进一步接近真实的人体。未来的假肢甚至能够与我们的大脑交流,这将大大减少截肢者生活上的困难。

2.金融业

机器学习等人工智能技术被用于合同审核、风险管理、交易监控和智能现金管理中,数以百万计的非结构化和波动数据可以同时被处理和分析。金融机构将更多地专注于收集更多跨文化和地理区域的数据,如客户行为、地点、社会人口统计数据、支出模式和收入等,可以为客户提供更个性化的服务。

3.虚拟助理

人工智能对客户服务最有益的成果之一是个性化。人工智能算法能够跟踪、分析和可视化客户数据。这有助于确定客户的需求,并推荐最好的服务。

除了更好地识别消费者的偏好外,人工智能技术很快就能对某个人的洞察力和情商做出分析。

4.机器人会抢我们的工作吗

一些机构已经在利用人工智能技术来节省工资支出。随着能够理解人类情绪和能主动行动的聊天机器人和虚拟助手加入,将会有更多的工作由机器来完成。

这初听起来很有威胁,因为看来人类可能会因机器人失去工作。然而,随着越来越多的工作岗位实现自动化,将会有更多的人从事自动化工作。因此,我们将在该行业中看到新的就业类型和组织角色。此外,人工智能将使员工更好地发挥创造性,引导他们从事价值更高的任务和更具战略性的活动。另一个重要方面是,机器将接管大多数危险的工作。例如,以接触有毒物质、高温和强噪声而闻名的焊接工作,在大多数情况下都可以交给机器人,以防止人类受到伤害。

现在,人工智能开始融入我们的生活,人工智能必将为人类创造一个更安全、更容易使用和理解的环境。

3.3 新一代AI的突破

　　人工智能技术的下一步发展将可能会在高级机器学习、类脑智能计算、量子智能计算等领域的基础理论研究中取得重大突破。高级机器学习理论重点突破自适应学习、自主学习等理论方法，实现具备高可解释性、强泛化能力的人工智能。类脑智能计算理论重点突破类脑的信息编码、处理、记忆、学习与推理理论，形成类脑复杂系统及类脑控制等理论与方法，建立大规模类脑智能计算的新模型和脑启发的认知计算模型。量子智能计算理论重点突破量子加速的机器学习技术，建立高性能计算与量子算法混合模型，形成高效精确自主的量子人工智能系统架构。

8.4 AI 市场

◆预计到2030年,中国人工智能产业将进入全球价值链高端。新一代人工智能技术在智能制造、智能医疗、智慧城市、智能农业、国防建设等领域得到广泛应用,人工智能核心产业规模将超过4000亿元,带动相关产业规模超过5万亿元。

◆据预测,人工智能相关技术的发展,不仅将带动大数据、云服务、物联网等产业的升级,还将全面渗透进金融、医疗、安防、零售、制造业等传统产业。大数据、算法和计算能力构成了人工智能高速发展的三要素,海量的数据积累是基础,算法开源是趋势,计算能力的提升是必要条件和加速器。

8.5 AI改变就业

　　2010年以来,一系列有影响力的学术书籍和文章指出,信息技术——尤其是人工智能技术——可能在未来几十年取代大量人类的工作。这些研究和文章都强调了人工智能替代人类认知的潜力,就像在第一次工业革命中,机器替代体力劳动一样。

　　2010年初许多专家的预测表明,人工智能给劳动力构成带来的风险是前所未有的,因为技术的发展导致暂时性的失业并不是什么新鲜事。在1800年,90%的美国人从事农业生产。到1900年,由于机械化收割机和蒸汽驱动拖拉机等工业品的出现,这个数字下降到40%。随着20世纪技术的进步,到2000年,美国从事农业劳动人数的比例下降到不到2%。在农业劳动人数减少之后,制造业和服务业的就业人数迅速增加。而且,自从1970年左右制造业就业岗位达到顶峰以来,美国的服务业就业岗位一直在持续增长。

　　科技对就业岗位的影响引发担忧的一个原因是,人们很容易看到现有的工作岗位被淘汰,但我们很难想象新的工作岗位会被创造出来。未来几年或几十年,人工智能可能会取代一些就业岗位,但同时会创造许多新岗位,并改变其他一些岗位的工作方式。麦肯锡公司预计,未来10年人工智能技术的进步将需要全球14%的员工改变职业或显著改变其工作方式。

8.6 更聪明的未来

　　20世纪90年代的人工智能以改善人类的工作与生活条件为中心任务。研究的重点是制造类人机器人。机器可以完成目前由人类完成的任务。

　　目前机器人已经开始取代工厂里的工人了,而据计算机科学家克雷维尔预测,机器人将替代文员、中层管理人员等等。

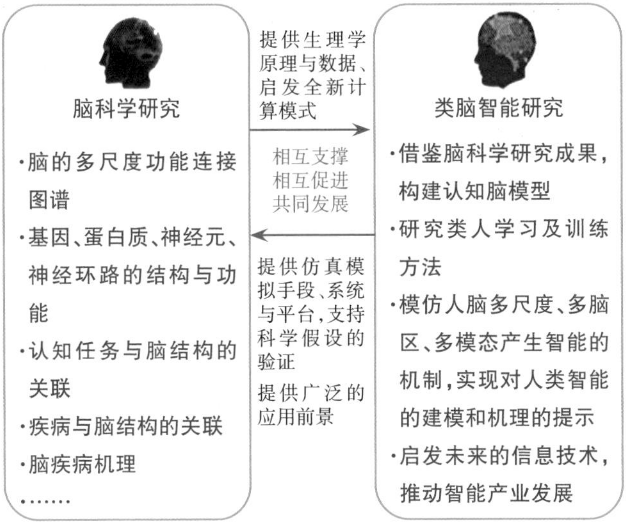

脑科学研究

·脑的多尺度功能连接图谱

·基因、蛋白质、神经元、神经环路的结构与功能

·认知任务与脑结构的关联

·疾病与脑结构的关联

·脑疾病机理

·......

提供生理学原理与数据、启发全新计算模式

相互支撑相互促进共同发展

提供仿真模拟手段、系统与平台,支持科学假设的验证

提供广泛的应用前景

类脑智能研究

·借鉴脑科学研究成果,构建认知脑模型

·研究类人学习及训练方法

·模仿人脑多尺度、多脑区、多模态产生智能的机制,实现对人类智能的建模和机理的提示

·启发未来的信息技术,推动智能产业发展

图8.5　脑科学与类脑智能的研究

　　尽管人工智能正在快速发展,但笔者认为,计算机完全达到人类的智力水平至少还需要几十年的时间。在可预见的未来,人工智

能还不可能完全取代人,而是由人和计算机一起工作,计算机作为"超级头脑"来做以前无法完成的任务。

说到底,人工智能要变成智能科学,它本质必将是达尔文与牛顿这两个理论体系的统一。

图8.6　达尔文　　　　　　　图8.7　牛顿